（美）凯利·杜德纳（Kelly Doudna） 著

赵瑞瑞 译

玩转科学

The Kid's Book
of Simple Everyday Science

精华版

让孩子像科学家一样思考

U0221031

化学工业出版社

·北京·

内 容 简 介

让孩子在任何时候都可以像科学家一样思考！

你听说过著名的"大象的牙膏"实验吗？还有"康乃馨之舞"实验，这本书里全都有！

《玩转科学》精选美国孩子喜欢的科学游戏，引导孩子利用家中的日常用品，进行有关温度、压力、水、空气、热和植物等科学游戏，涉及物理、化学、生物等学科知识。书中不仅包含每个游戏的详细操作步骤、材料清单和原理解释，还引入了入门级的数学原理，以科学家的思维模式设计和引导。游戏简单且有趣，图文并茂，轻松上手。快来一起玩转游戏中的科学与知识吧！

The Kid's Book of Simple Everyday Science © 2013 Kelly Doudna. Original English language edition published by Mighty Media 1201 Currie Avenue, Minneapolis, MN, 55403, United States. Arranged via Licensor's Agent: DropCap Rights Agency. All rights reserved.

本书中文简体字版由 Mighty Media 授权化学工业出版社独家出版发行。
本版本仅限在中国内地（大陆）销售，不得销往中国香港、澳门和台湾地区。未经许可，不得以任何方式复制或抄袭本书的任何部分，违者必究。

北京市版权局著作权合同登记号：01-2015-3949

图书在版编目（CIP）数据

玩转科学：让孩子像科学家一样思考/（美）凯利·杜德纳（Kelly Doudna）著；赵瑞瑞译. —北京：化学工业出版社，2020.11（2023.1重印）
书名原文：The Kid's Book of Simple Everyday Science
ISBN 978-7-122-37800-2

Ⅰ．①玩… Ⅱ．①凯… ②赵… Ⅲ．①自然科学-少儿读物 Ⅳ．①N49

中国版本图书馆CIP数据核字（2020）第180738号

责任编辑：成荣霞　　　　　　　　　　　文字编辑：李　玥
责任校对：赵懿桐　　　　　　　　　　　装帧设计：史利平

出版发行：化学工业出版社（北京市东城区青年湖南街13号　邮政编码100011）
印　　装：北京宝隆世纪印刷有限公司
889mm×1194mm　1/16　印张6¾　字数75千字　2023年1月北京第1版第2次印刷

购书咨询：010-64518888　　　　　　　　售后服务：010-64518899
网　　址：http://www.cip.com.cn
凡购买本书，如有缺损质量问题，本社销售中心负责调换。

定　　价：49.80元

目录

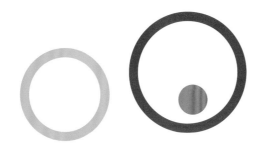

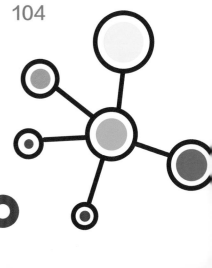

超级简单的科学实验

　　你想成为一名科学家吗？如果想这本书会帮助你。所有伟大的科学家都是在你这个年龄，从观察世界并提出自己的疑问开始。

　　科学存在于你周围的一切物质里。在气泡和气球里，在各种植物（如土豆）和爆米花里。你知道为什么用一张卡片可以把水密封在瓶子里吗？你又知道为什么两种液体混合时会产生小气泡吗？

　　这些都是科学可以回答的问题。科学会告诉你，当你埋下一颗种子时会发生什么事情。科学也会解释为什么爆米花会爆开。很快你就能自行解释诸如此类的很多问题了。

2

　　书中简单有趣的小实验会引导你了解一些知识，比如压力、温度和运动。一些实验非常简单，而有的则需要花费稍多的时间。通过小实验，你将很快学会像科学家那样思考问题。

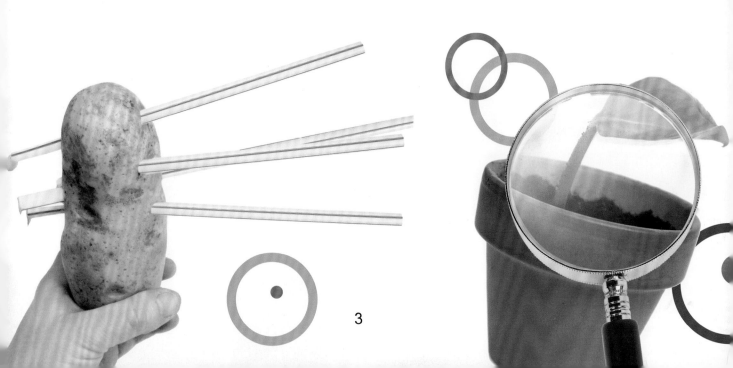

3

像科学家那样做事

科学家们有一套独特的工作方式，即一系列称之为科学方法的步骤。你可以依据这些步骤来像科学家那样工作。

1 看到某样东西，观察它。你看到了什么？它能做什么？

2 针对你看到的这样东西来思考问题。它是什么样子？它为什么是这个样子？它是怎样成为这个样子的？

3 尝试回答这些问题。

4 做一个测试来验证你的想法是否正确。把发生的现象记下来。

5 思考这些现象。你之前的想法对吗？为什么对？为什么不对？

保持追踪

想和真正的科学家一样吗？科学家们会对他们所做的每件事情进行记录。所以准备一个笔记本吧，当你进行某个实验时，把每步发生的现象记录下来。这是很简单的一件事情！

致成年人助手

学习科学是简单有趣的事情，但是有几件事情需要谨记以保证孩子们的安全。本书中的某些实验活动建议在成年人监护下进行。例如一些实验会涉及尖锐材料、热材料或者会爆开的材料；一些实验需要用到火柴、炉灶或者油性液体。请务必在进行实验前认真阅读一遍，必要时请给你们家这位潜在的科学家提供帮助。

此外，请鼓励你的孩子在实验后进行整理清洁，用到的材料必须要归放原位！而且当使用到食用色素时，请小心避免沾污实验台面和衣服。

关键符号

在本书中你会看到一些符号。在此对它们的含义作一说明。

 热。需要帮助！将会使用到一些热的材料。

 成年人帮助。需要帮助！需要得到大人的帮助。

 安全眼镜。请戴上安全眼镜！

 尖锐物体。小心！会用到一些尖锐的物体。

用到的材料

这里列出了你在进行本书实验时所需要的主要物品。

细绳	硬币	气球	吸管	平头钉
六角螺母	透明胶带	木质竹签	蜡烛	汤匙
铝箔	杯子	火柴	书	安全眼镜

强力胶带	烤制盘	羊毛衫	椅子	瓦楞纸板

糖

白醋

量杯

食用色素

泡腾片

未爆开的玉米粒

碗

美工刀

葡萄干

滴管

酵母

透明塑料杯

热喷胶枪

植物油

双氧水

塑料桶

空塑料瓶

漏斗

洗洁精

茶匙

洗碗粉（洗碗机专用）

小苏打

蜡纸

苏打水

生豆子

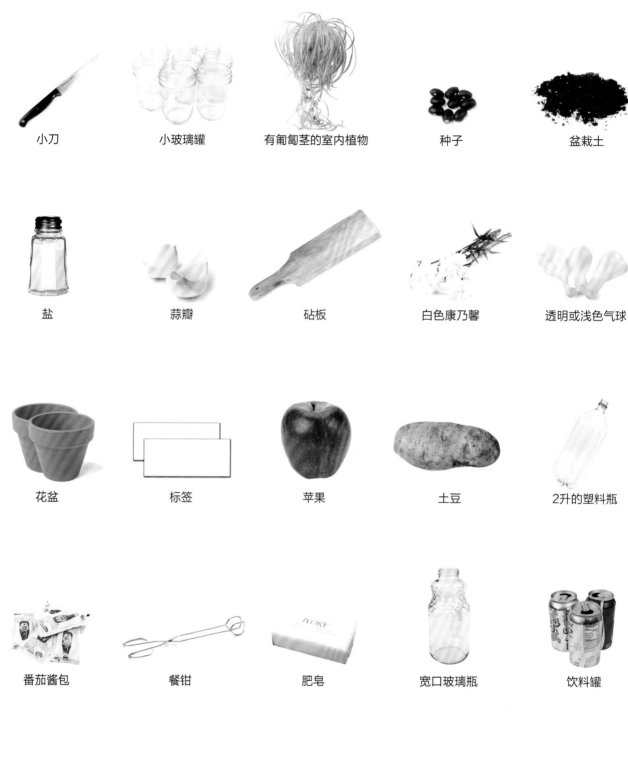

小刀　　　　　小玻璃罐　　　有匍匐茎的室内植物　　　种子　　　　　盆栽土

盐　　　　　　蒜瓣　　　　　　砧板　　　　　白色康乃馨　　　透明或浅色气球

花盆　　　　　标签　　　　　　苹果　　　　　　土豆　　　　2升的塑料瓶

番茄酱包　　　餐钳　　　　　　肥皂　　　　　宽口玻璃瓶　　　饮料罐

微波炉　　微波爆米花　　纸　　计时器　　软木塞

卡片

橡皮筋

回形针

羊毛袜

塑料袋

保鲜膜

餐巾纸

棉布

带盖塑料容器

温度计

水壶

鞋盒

小平底锅

吹风机

1升的塑料瓶（带盖子）

手帕

软管

大石头

小石头

透明吸管

木质火柴棒

胡椒粉

大螺丝钉

高玻璃杯

剪刀

物理

那是排斥力！

你能使两只气球不互相碰触吗？

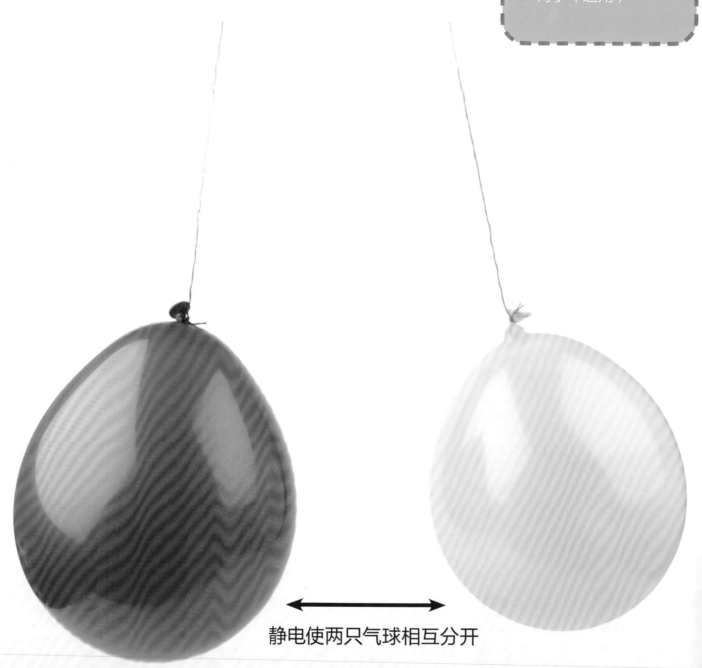

静电使两只气球相互分开

10

1　剪两段长约1米的绳子。

2　将绳子其中一端拴在门框上，两根绳子之间大约相距2.5厘米。

3　吹两只气球，将它们系紧。分别用绳子一端将气球系起来，两只气球要悬挂在相同高度。

4　将每只气球分别与羊毛衫摩擦一下。

5　放开气球，你看到了什么？如果你将两只气球互相靠近，又能观察到什么呢？

6　将你的手放在两只气球中间，会发生什么现象？

这是怎么回事？

　　将两只气球分别与羊毛衫摩擦使它们带上静电，导致它们彼此排斥。当你将手放置在两者之间时，它们又会互相靠近，这是因为你的手不带静电。

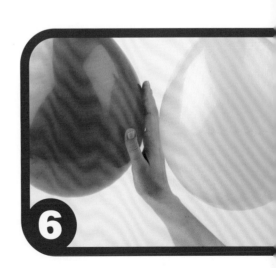

🧬 物理

让我们疯狂起来！

你如何利用一只气球使每个人疯狂起来？

需要的材料

- 安全眼镜
- 2只气球
- 六角螺母
- 硬币

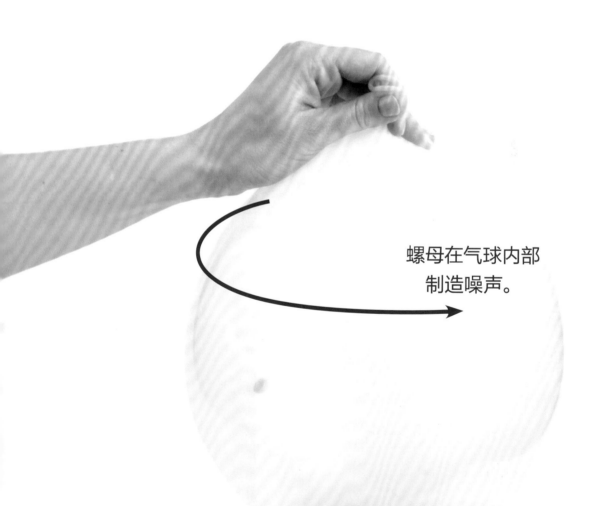

螺母在气球内部制造噪声。

12

1 戴上安全眼镜，因为你的气球可能随时爆炸。

2 在气球中放入一只六角螺母。给气球充气到尽可能大，然后系紧。

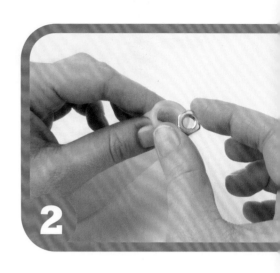

3 用一只手捏住气球顶部，旋转气球。

4 一直旋转气球，直到六角螺母在气球内部转圈。用你的手指托住气球底部。

5 你看到了什么？听到了什么？

6 重复步骤2到4。但是这次用硬币代替六角螺母。你又听到了什么？

这是怎么回事？

六角螺母有很多角，所以当你旋转气球时，这些角会摩擦气球，从而制造出很大的噪声。而硬币是圆的，并且很光滑，所以它不会制造出很大的噪声。

13

一次移动体验

你能否仅仅使用气球来移动一只杯子?

需要的材料
- 杯子
- 气球

气球陷入杯子中。

杯子被提了起来。

1 将气球吹至半大。气球体积应比杯口略大，不要系紧气球口。

2 用手捏住气球口，将其底部放在杯子里。

3 再次将气球吹大一些，然后系紧。

4 向上提气球，发生了什么？

这是怎么回事？

气球的表面是有弹性的。在陷入杯子的气球中补加空气，气球的弹性表面会与杯子表面紧密贴合。就好像气球紧紧抓住了杯子一样。

物理

喷气气球

为什么气球能像火箭一样飞起来？

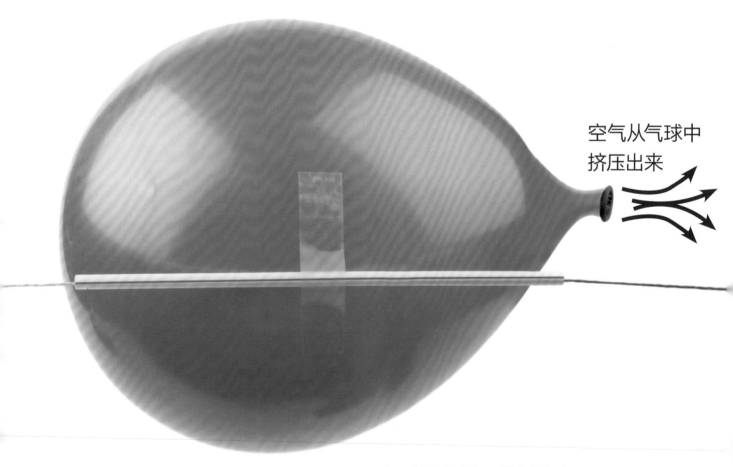

空气从气球中
挤压出来

← 气球沿着绳子发射出去。

16

1. 相隔3米放置两把椅子。将绳子一端系在其中一把椅子上。

2. 将吸管穿过绳子，把绳子另一端系在另外一把椅子上。确保绳子是直的。

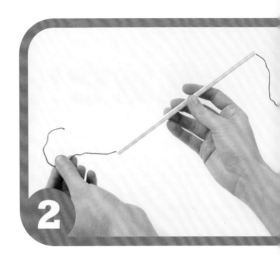

3. 吹大一只气球但是无需系紧。在进行下一步的过程中用手捏紧气球。

4. 将吸管移到绳子一端，用透明胶带将气球粘在吸管上。气球的开口应朝向距其最近的那把椅子。

5. 放开气球。发生了什么现象？

6. 重复步骤3到5。将气球吹得比之前实验中采用的气球大一些或者小一些，抑或采用一只较大的或者较小的气球。那么这次又发生了什么？你觉得原因是什么？

这是怎么回事？

当你吹大一只气球时，它处于伸张状态。当你放开它时，气球会快速回归到它的初始大小。气球中的所有空气会从气球口处释放出来。这就使得气球朝开口的反方向发射出去。

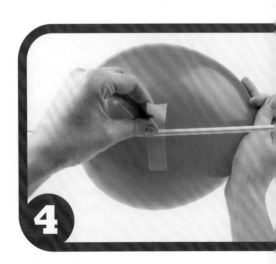

扎破它！

如果你用一个尖锐的物体扎一只气球，它会爆炸，对吗？

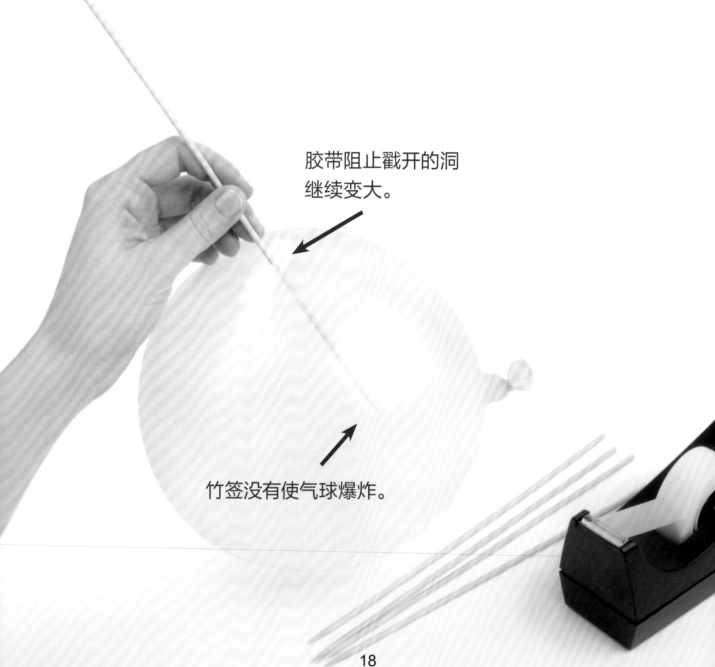

胶带阻止戳开的洞继续变大。

竹签没有使气球爆炸。

18

1 戴上安全眼镜。

2 吹大一只气球，系紧。

3 在气球上贴一片透明胶带。

4 轻轻地用竹签的尖锐一端将气球在贴有透明胶带处刺穿。

5 继续将竹签插入气球内部。发生了什么？

这是怎么回事？

没有贴透明胶带时，戳开的洞的边缘会从竹签处收缩，这就使得洞快速变大，而气球也随之爆炸。而透明胶带使得戳开的洞的大小与竹签大小保持一致，插入气球内部的竹签又使空气继续保持在气球内部，故而气球并不爆炸。

物理

加水冷却气球法

蜡烛是否太热难以控制?

水保持气球
低温状态。

1. 戴上安全眼镜。吹大一只气球，系紧。

2. 将铝箔按压在蜡烛底部，使之站立起来。请你的成年人助手点亮蜡烛。

3. 将气球靠近火焰。发生了什么现象？

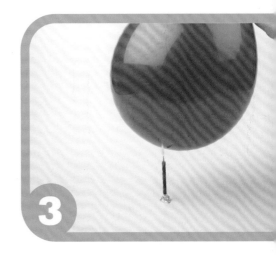

4. 在另外一只气球中装入大约120毫升水。吹大气球，系紧。

5. 将蜡烛放置在烤制盘中。将气球靠近蜡烛火焰，这次又发生了什么？

这是怎么回事？

气球一靠近火焰就会发生爆炸，这是因为所有的热量都集中在一点。如果气球中装有水，就不会立刻爆炸，水将热量分散到一个较大的区域。气球会保持低温状态。

21

物理

钉床

多少颗钉会使气球爆炸?

需要的材料

- 2片瓦楞纸板(至少15厘米×15厘米)
- 尺子
- 铅笔
- 101颗平头钉
- 强力胶带
- 几只气球
- 安全眼镜
- 一本硬皮书

书使得压力均匀分布

没有单独某点把气球戳得特别厉害。

22

第一部分：制作钉床

1 用尺子和铅笔在一片瓦楞纸板上绘制网格，10行10列。线与线之间距离为1.3厘米。

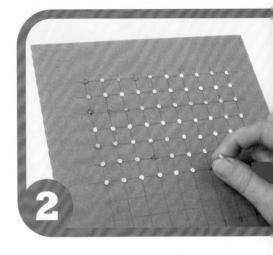

2 请成年人助手进行该步骤操作。用平头钉刺入瓦楞纸板网格上的十字交叉点，即10行10列。

3 小心放下瓦楞纸板，在平头钉平头一面贴上强力胶带，这样能够尽量使钉子固定住。

4 在平头钉平头一面再粘上一张瓦楞纸板，然后整体翻过来，使钉尖朝上。钉床就做好了。

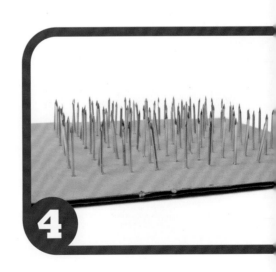

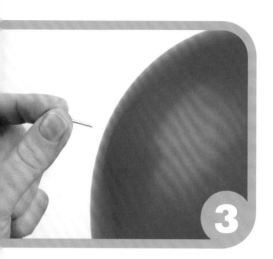

第二部分：测试气球

1. 戴上安全眼镜。

2. 吹大一只气球，系紧。

3. 另外拿一颗钉子，戳破气球，发生了什么？

4. 吹大另外一只气球，系紧。

5. 小心将这只气球放在钉床上。是否有现象发生？

6. 在气球上面放一本书，轻轻地向下压。发生了什么？

7. 持续按压气球。发生了什么？

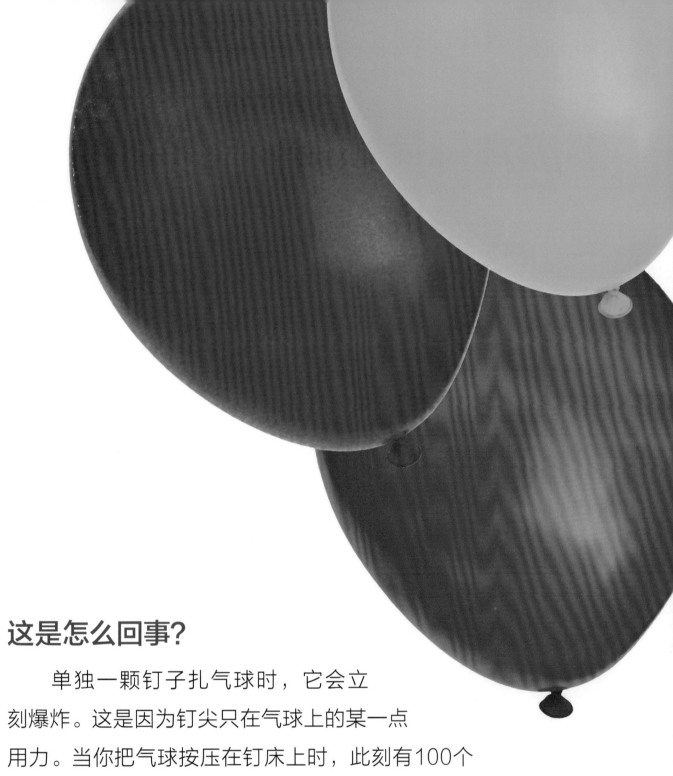

这是怎么回事?

　　单独一颗钉子扎气球时,它会立刻爆炸。这是因为钉尖只在气球上的某一点用力。当你把气球按压在钉床上时,此刻有100个点。没有单独某个点戳得比较用力。所以气球难以爆炸。

化学

制造方形气泡

方形泡泡是不是比圆形的要酷一些？

需要的材料

- 热喷胶枪
- 蜡纸
- 6根吸管，截成9厘米长的12根
- 剪刀
- 洗干净的塑料桶
- 美工刀
- 温水
- 量杯
- 洗洁精（常规，不要抗菌的）
- 滴管

肥皂水黏附在泡泡框架上，从而制造出一只方形泡泡！

26

第一部分

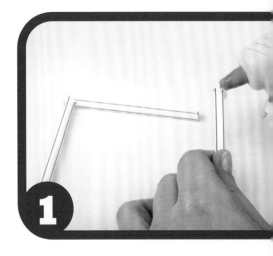

1 用蜡纸保护你的工作台面。采用热喷胶枪将4根吸管制成一个方形。再用另外4根吸管制造出另一个方形。

2 用剩下的4根吸管将2个方形连接在一起。首先将每根吸管的尾端分别与一个方形的角粘在一起。将吸管竖起来。

3 将另一个方形的角与4根吸管的另一端粘接起来，等待胶变干。之后用剪刀剪掉多余的干胶，得到泡泡框架。

4 请你的成年人助手剪（切）掉塑料桶的上端。

5 往塑料桶中装入温水，尽量多装些。往温水中加入1杯（约240毫升）洗洁精，然后轻轻搅匀。

27

第二部分

1 将泡泡框架放入稀释后的洗洁精液体中，向下放入直到其完全浸没在该液体中。

2 将泡泡框架慢慢地拿出液面，它看起来怎么样？

3 然后轻轻地摇晃它，又发生了什么？

4 摘掉滴管上的橡胶头。

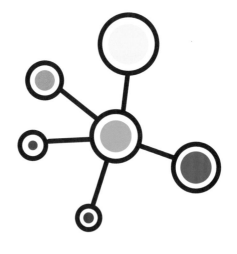

5 将滴管摘掉橡胶头的一端在稀释后的洗洁精液体中蘸一下，轻轻地从另一端吹一个泡泡。

6 重新将泡泡框架浸没在稀释后的洗洁精液体中再制作一个泡泡。将圆泡泡从泡泡框架上端落下，使圆泡泡落到方泡泡的中间，它看起来怎样？

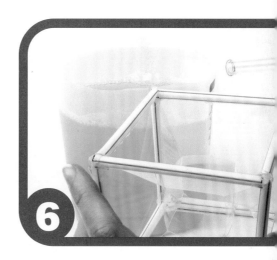

这是怎么回事？

洗洁精液体具有较强的表面张力。当你蘸取这种液体吹气时，由于表面张力的作用会形成泡泡。自然形成的泡泡是圆形的。这里将洗洁精液体黏附在泡泡框架上，从而形成方形泡泡。当你使圆形泡泡从方形泡泡上端落下时，它会掉到方形泡泡的中间，从而形成泡泡套泡泡的现象。

化学

玉米粒跟着葡萄干

小气泡的威力有多大？

需要的材料

- 2只装有自来水的塑料杯
- 2只装有苏打水的塑料杯
- 葡萄干
- 未爆开的玉米粒

苏打水气泡使葡萄干和玉米粒浮在水面。

1 仔细观察一颗葡萄干和一颗玉米粒，两者有什么不同？

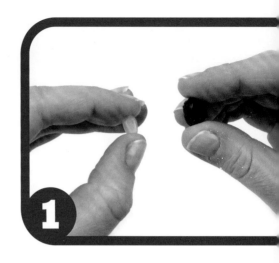

2 将3颗葡萄干放入一杯自来水中，在另一杯自来水中放入3颗玉米粒。发生了什么现象？几分钟后现象有什么改变？

3 将3颗葡萄干放入一杯苏打水中，在另一杯苏打水中放入3颗玉米粒。这次又发生了什么现象？

4 继续关注这些杯子，你看到了什么？

这是怎么回事？

在两种水中，玉米粒和葡萄干的表面都会产生气泡。自来水中的气泡非常小；而苏打水中的气泡中含有二氧化碳，因此这些气泡更大一些，它们会使玉米粒和葡萄干漂浮起来。气泡爆破之后，玉米粒和葡萄干会落到杯子底部，而在新气泡形成之后，又漂浮上去。

表面较皱的葡萄干比表面平滑的玉米粒周围有更多的气泡，因此它们会上浮得快一些。

化学

大象的牙膏

你需要挤压这个瓶子吗？

需要的材料：

- 茶匙
- 汤匙
- 量杯
- 酵母
- 水
- 空塑料瓶，容量为500毫升
- 双氧水
- 洗洁精（常规，不要抗菌的）
- 食用色素
- 漏斗
- 烤制盘

酵母和双氧水混合会产生气体，从而形成泡沫。泡沫体积很大，因此被称为"大象的牙膏"。

安全提示

　　这些泡沫看起来像是牙膏，但是它们并不能放嘴里。不过，这些泡沫摸起来是很安全的。

1 将1茶匙（约5毫升）酵母和2汤匙（约30毫升）水放入一个小量杯里，搅拌使酵母溶解。

2 请成年人助手帮忙用量杯量取约120毫升双氧水，并加入3～4滴食用色素。

3 将空塑料瓶放在烤制盘里，漏斗插在瓶口，通过漏斗将双氧水混合物倒入瓶子中。

4 在瓶子中加入一点洗洁精。

5 将溶解的酵母加入瓶子中。

6 发生了什么？摸一摸瓶壁，你感受到了什么？

这是怎么回事？

酵母与双氧水混合会发生化学反应，产生气体和泡沫，并且混合物也会变热。当泡沫从瓶底向上冒时，看起来就像牙膏的泡沫一样。

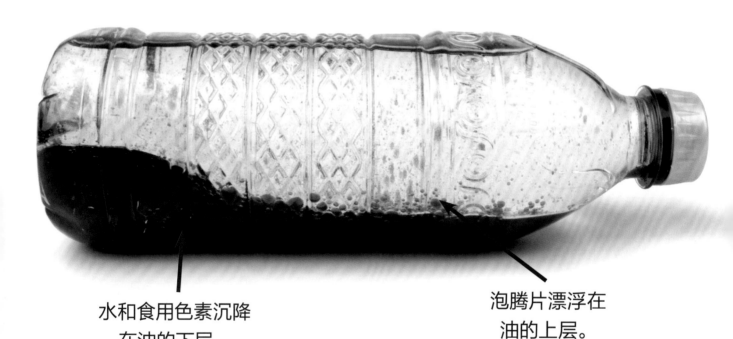

化学

那是岩浆！

油和水并不相容，但是流动过程中
又如何呢？

需要的材料

- 空塑料瓶及瓶盖，容积为500毫升
- 植物油
- 水
- 食用色素
- 泡腾片

水和食用色素沉降
在油的下层。

泡腾片漂浮在
油的上层。

1 在空塑料瓶中装入3/4的植物油，然后加水至瓶口。

2 在瓶中加入10滴食用色素。

3 将一片泡腾片分成8小片，将它们一次一小片放入瓶子中，等第一小片产生的气泡结束后再加入第二小片。观察发生了什么？

4 当最后一片泡腾片停止产生气泡，旋紧瓶盖。上下摇晃瓶子，此时瓶子内部的混合物看起来像什么？

这是怎么回事？

油和水并不相容。水会沉在油的下部，食用色素也是一样。当泡腾片在水中溶解时，会产生小气泡，这些气泡使带色的水漂浮在油上。到达油表面之后，气泡爆破，带色的水重新沉降到油的底部。

今日推荐：洗碗粉

你能将洗碗粉变成盐吗？

二氧化碳逸出，而
盐则留了下来。

1 在碗里加入3勺洗碗粉。

2 加入1勺白醋。

3 摇晃碗使它们充分混合。发生了什么？

这是怎么回事？

混合白醋和洗碗粉会发生化学反应。即意味着白醋和洗碗粉结合变成了其他东西。混合物中释放出二氧化碳气泡，而留下了一种类似盐的东西。

安全提示

气泡逸走后留下的盐并未达到食用级标准，所以不要把它们放到嘴里！

🔬 化学

那是气体，气体，气体！

你有多少种吹大气球的方法？

需要的材料

- 2只气球
- 茶匙
- 汤匙
- 量杯
- 温水
- 酵母
- 糖
- 2只空塑料瓶，容积为500毫升
- 漏斗
- 小苏打
- 白醋

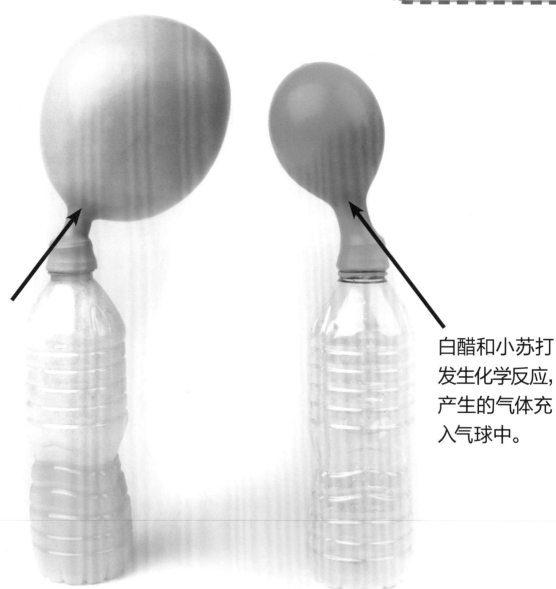

酵母吞食糖释放出气体，气体充入气球中。

白醋和小苏打发生化学反应，产生的气体充入气球中。

38

第一部分

1 吹大气球，然后放空。每只气球重复此动作4～5次。这样可使气球伸展性变好。

2 在一只量杯中放入酵母和2汤匙糖（约30毫升）。在杯中加入足够的温水（约240毫升）。使该混合物静置2分钟。

3 将上述酵母混合物倒入一只空塑料瓶中。

4 快速将一只气球套在塑料瓶口，每30分钟检查一下气球。发生了什么？

第二部分

1 在第二只空塑料瓶中倒入1汤匙（15毫升）白醋。

2 将漏斗插入第二只气球口，通过漏斗向气球中倒入1茶匙（约5毫升）小苏打。

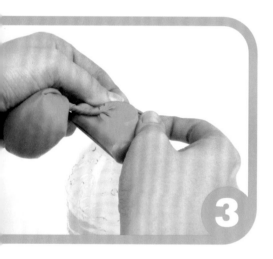

3 将气球口捏紧，把气球套在塑料瓶口上，该过程始终保持气球口封闭。

4 将气球向上扶正。不再捏紧气球，使小苏打掉落到瓶中的白醋里。发生了什么？这个现象与酵母瓶中发生的比起来又如何呢？

这是怎么回事？

　　酵母是一种有活性的有机物。当加入温水后，酵母会以糖为食。吞食糖后酵母放出气体。这些气体在瓶中缓慢积累，然后逐渐填充到气球中。

　　将小苏打与白醋混合也会产生气体。这些气体是化学反应的结果，气体充满瓶体并吹大气球。它们产生气泡的速度比酵母快得多。

生物

那颗豆子，请这么做！

你能使豆子发芽吗？

需要的材料

- 透明塑料杯
- 盆栽土
- 3颗生豆子
- 水

芽和根都是从种子中长出来的。

芽向上长。

根向下长。

1 在杯子里装入盆栽土。用你的手指在土中戳3个洞，使这些洞约有5厘米深，并贴近杯壁，以便你能看到种子发芽！

2 在每个洞里放入一颗豆子，然后用土把洞填满。

3 给豆子浇水。把塑料杯放到阳光充裕的温暖地方。

4 每天都观察它们，当土壤变干时请再次浇水。你看到了什么？豆子是怎么变化的？

这是怎么回事？

埋下种子是种植新植物的一种方式。这些种子会将根深埋在土壤中，而芽则会向上朝着光生长。

生物

培植新植物！

你是不是只会通过播种来培植
一株新植物？

需要的材料

- 小玻璃罐
- 水
- 有匍匐茎的室内植
  物，比如吊兰
- 剪刀
- 花盆
- 盆栽土

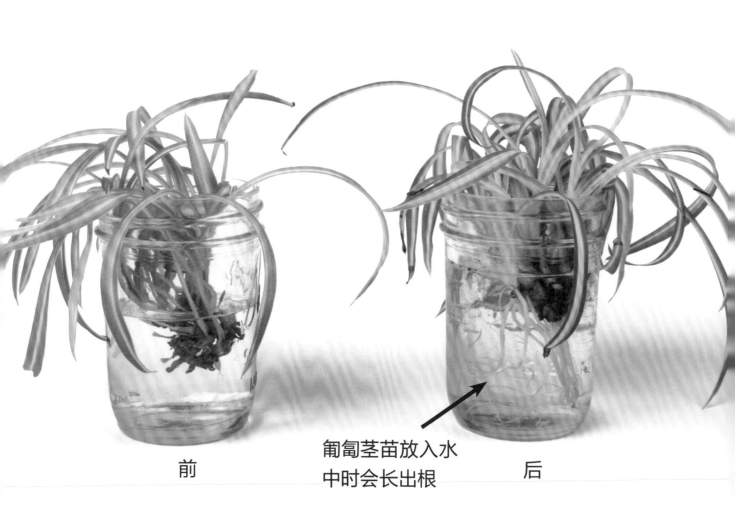

前

匍匐茎苗放入水
中时会长出根

后

44

1 在小玻璃罐中装入约半罐水。

2 吊兰匍匐茎末端的小苗称为匍匐茎苗，剪掉一根苗。

3 将这根苗的底部放入水中。

4 将小玻璃罐放到窗台上。等2到3周，每天观察它，确保匍匐茎苗的根部浸没在水中。然后你观察到了什么？

5 将形成的植株用盆栽土种在花盆中，给它浇水。然后你就拥有了一株新植物。

这是怎么回事？

很多室内植物都会在末端长出带有苗的匍匐茎。当你将匍匐茎苗种在水中时，根就从底端长出来。将带根的匍匐茎种植到土壤中，它就会继续生长下去。你甚至连一颗种子都不需要！

生物

从尖端开始生长

尖端朝向哪边有没有太大关系？

需要的材料

- 2只透明塑料杯
- 盆栽土
- 2个大小基本一样的蒜瓣
- 标签
- 钢笔或马克笔
- 水

茎依然朝上生长

根依然朝下生长

尖端朝上

尖端朝下

46

1 两只杯子里都装上土，在每只杯壁的土里戳出一个洞，并使这些洞尽量靠着一侧杯壁。

2 在每个洞里放入一颗蒜瓣。一个洞里蒜瓣的尖端朝上；另一个洞里蒜瓣的尖端向下。

3 在杯子上分别注明"尖端向上"和"尖端向下"。用盆栽土盖上蒜瓣。

4 给两杯土浇水，将它们放在明亮的地方。如果土壤变干，继续浇水。

5 发生了什么？两只杯子里面的茎是否在同一时间长出？

这是怎么回事？

　　蒜瓣是一类被称为球茎的种子，球茎上会长出新植物。球茎会从尖端发出茎，使之向上趋光生长。根部从较平的一端长出，向下深入泥土生长。当尖端朝下时，茎依然会从尖端一侧长出。只是从泥土中探出头的时间要久一些。

🧬 生物

种子怎么了?

阳光和水分对植物到底有多重要?

需要的材料

- 2个花盆
- 盆栽土
- 种子（任意类型都可以）
- 水

浇水的种子发芽了。

干燥的种子没有一点动静。

1 两个花盆里都装上土。

2 在每盆土中都戳一个洞。

3 在每个洞中都撒入一些种子，然后用土覆盖种子。

4 为其中一盆浇水，另外一盆不浇水。将两只花盆都放在阳光充裕的地方。

5 每天检查花盆，如果浇过水的盆中土壤变干，就再增加一些水。另外一只不浇水。

6 发生了什么现象？两只花盆里面的种子是否都发芽了？

这是怎么回事？

植物和种子都需要阳光和水分才能生长。浇水的种子几天后会发芽，而没有浇水的种子则不会发芽。

生物

气球植物乐园

除了生日聚会，气球还有其他用处吗？

需要的材料

- 透明或者浅色气球
- 漏斗
- 量杯
- 盆栽土
- 汤匙
- 水
- 种子
- 细绳

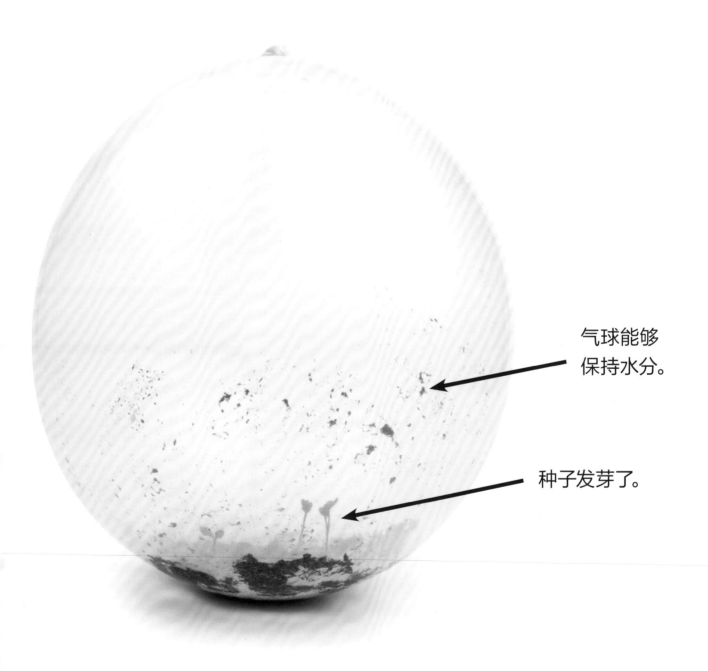

气球能够
保持水分。

种子发芽了。

1 吹大气球，然后放出空气。重复以上步骤几次以增加气球延展性。

2 用漏斗往气球中装入约1/2量杯（约120毫升）的土，再往气球中装入4汤匙（60毫升）的水。

3 往气球中放入一些种子。

4 吹大气球，系紧。

5 轻轻抖动气球壁，使盆栽土、水以及种子落到气球底部。

6 将气球挂在窗前。观察发生了什么？

这是怎么回事？

　　气球相当于一个小型温室。气球系得很紧所以空气不能进入，而且也保持了水分，使水分不会被蒸发。所以种子就像种植在盆中那样，发芽了。

生物

植物的皱缩

植物中含有多少水分？

需要的材料

- 苹果
- 小刀
- 砧板
- 小苏打
- 盐
- 2只塑料杯

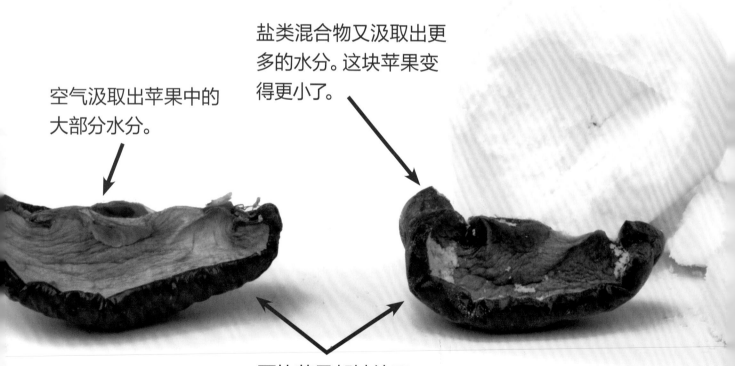

空气汲取出苹果中的
大部分水分。

盐类混合物又汲取出更
多的水分。这块苹果变
得更小了。

两块苹果都皱缩了。

52

1 请你的成年人助手帮你把苹果切成4块。将其中两块分别放在两只杯子里。剩下两块可以吃掉。

2 将2/3杯（约160毫升）盐和1/3杯（约80毫升）小苏打混合在一起。

3 将上述盐的混合物倒入其中一只装苹果的杯子里，确保整个苹果块都被盐覆盖。另外一只杯子里的苹果自行放置，不用额外处理。

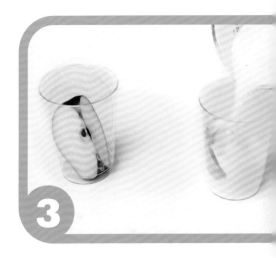

4 将两只杯子放在暗处一个星期。然后拿出带有盐的混合物的苹果。将上面的盐弄掉，但不要用水洗。将其与另一块久置的苹果进行对比，这两块苹果看起来怎样？

这是怎么回事？

植物中含有大量水分。空气将一块苹果中的部分水分汲取出来，从而导致其皱缩。盐的混合物从另一块苹果中汲取出更多的水分，因此这块苹果变得比在空气中久置的那块要小一些。苹果中的水分使盐的混合物黏结在一起。

生物

康乃馨之舞

你能改变花的颜色吗？

康乃馨"饮用"了带色的水，它们变成了跟"饮用"的水一样的颜色。

第一部分

1 在4只小玻璃罐里装入半罐水。

2 在每个小玻璃罐中各加入25滴食用色素，每个罐中加入不一样的颜色。

3 请你的成年人助手帮忙切掉多余的茎。花剩余的茎大约是小玻璃罐高度的两倍。

4 在每只罐中各插入一枝花。每枝康乃馨会"饮用"该种颜色的水。你猜会发生什么呢？

第二部分

1 用另外4只小玻璃罐重复第一部分的步骤1和2。

2 请成年人助手帮忙纵向切开剩余两枝花的茎，切口比小玻璃罐的高度略高一些。

3 将两只装水的小玻璃罐彼此靠近，然后将一枝花的两个半茎分别插入相邻的两个小玻璃罐里。

4 对第二枝康乃馨和剩下的两只装水的小玻璃罐也进行以上操作。

5 这两枝康乃馨会分别"饮用"两种颜色的水。那么这次你猜会发生什么现象呢？

第三部分

每隔几个小时检查所有的康乃馨，发现什么现象？吸收一种颜色的康乃馨看起来怎样？而吸收两种颜色的康乃馨又看起来如何？有什么不同吗？花吸收不同颜色的速度是否一样？

这是怎么回事？

植物通过茎来吸收水分，这跟你用吸管喝水是一样的道理。康乃馨将带色的水吸收到顶端，这些带色的水改变了花的颜色。

化学

塞子喷出来了

怎样才能使塞子喷出来？

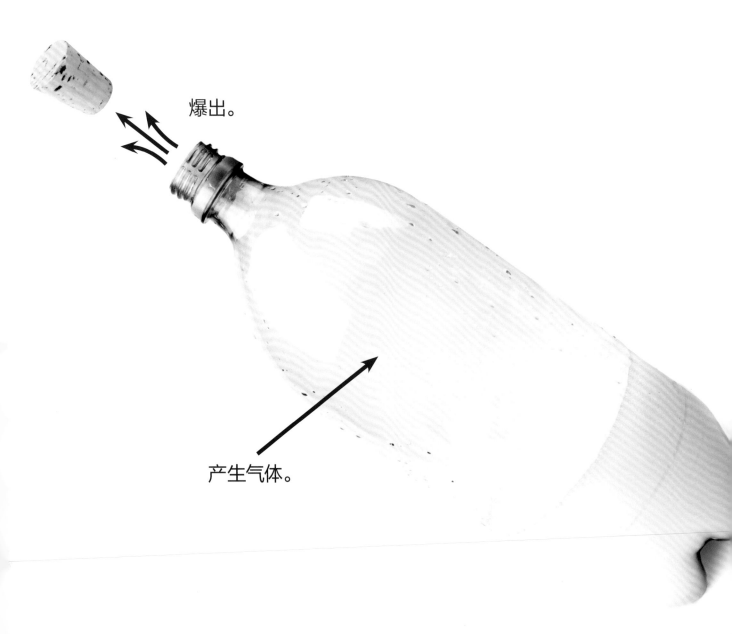

爆出。

产生气体。

1 戴上安全眼镜。

2 用汤匙（约120毫升）将白醋装入瓶中。

3 在瓶中倒入2茶匙（约10毫升）小苏打。把瓶子挪到离你远一些的位置。然后快速将软木塞塞上，注意不要使用螺旋盖。

4 使瓶口远离自己，也不要朝向屋内任何人。摇晃瓶子，等待几秒，然后观察发生了什么。

5 洗干净瓶子，重复步骤1到4。使用略多或者略少的白醋或者小苏打。这些因素是否会对结果产生影响？如果有的话，影响是什么？

这是怎么回事？

当你混合白醋和小苏打时，会产生气体，这些气体迅速充满瓶子内部。当瓶子中没有多余空间时，气体产生的压力就会将软木塞推离瓶子。

需要的材料

- 番茄酱包
- 餐巾纸

⚛ 物理

不要把番茄酱弄得乱七八糟

为什么番茄酱包被踩时会爆开？

用力踩它。

60

1 走到户外。

2 在地上放一包番茄酱。

3 用力踩它！用力踩番茄酱包的一边。发生了什么？

4 用餐巾纸清理干净。擦干净番茄酱弄脏的道路和你的鞋子。

这是怎么回事？

用力踩番茄酱包会使其内部空间变小。内部不能再容纳先前的番茄酱量，所以它会从包装袋中爆出来。

物理

穿透土豆

怎样才能使一根普通的塑料吸管穿透一个土豆?

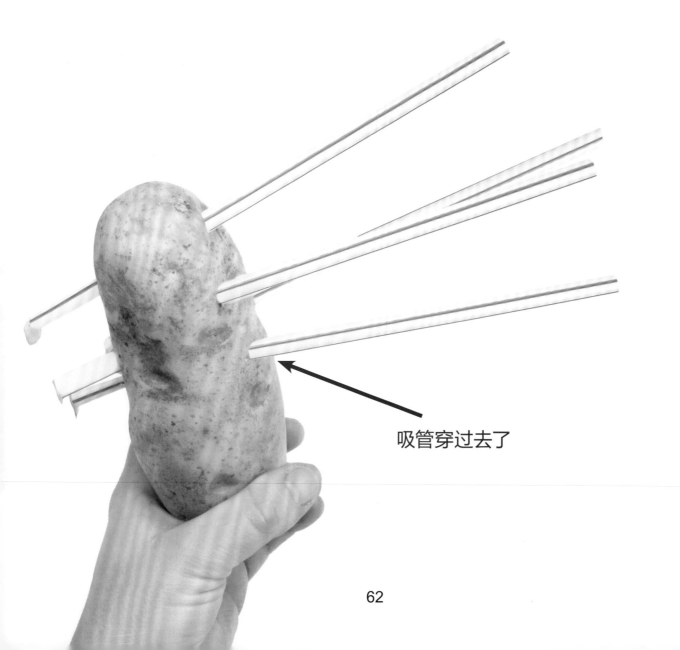

吸管穿过去了

62

1 一只手紧紧握住土豆，确保你的手握在靠土豆尾部的地方。

2 另外一只手拿一根吸管，用吸管去刺戳土豆，发生了什么？

3 拿另外一只吸管，这次用你的拇指按住吸管顶端。

4 再次用吸管刺戳土豆，这次发生了什么？

这是怎么回事？

软塑料吸管对于土豆来说，并不是十分坚硬。你的拇指按压住吸管一头，当吸管碰到土豆时，内部气压增加。气压压迫吸管壁，这使得吸管变得很坚硬，从而使吸管可以穿过土豆。

物理

压瘪饮料罐

你能不用脚踩而把一个饮料罐弄瘪吗？

需要的材料

- 安全眼镜
- 碗
- 水
- 空饮料罐（洗过）
- 汤匙
- 燃气灶
- 餐钳

饮料罐的外壳陷进
去了

1. 戴上安全眼镜。在碗里装入半碗水。

2. 在一只空饮料罐中装入2汤匙（约30毫升）水。

3. 将饮料罐放在炉子上，请你的成年人助手帮忙打开燃气灶。

4. 当饮料罐中的水冒泡，即水烧开了之后，再稍等片刻后关掉炉子。

5. 手心向上打开餐钳，用餐钳夹起饮料罐。

6. 快速翻转饮料罐，将饮料罐开口朝下放入水中。放置一段时间，观察发生了什么？

这是怎么回事？

水沸腾后会变成水蒸气，水蒸气将空气从饮料罐口挤出来。当你把饮料罐放入冷水中时，水蒸气快速冷却变成水，从而在罐中腾出多余空间，而罐子的开口在水下，水中没有空气，因此无法填充这些空间。外面的空气压力将罐壁向内挤压，最终压瘪。

化学

气球与瓶子的对抗

气球能否在不破的情况下进入瓶内？

需要的材料

- 气球
- 宽口玻璃瓶，比如果汁瓶（洗干净）
- 水
- 纸
- 火柴
- 吸管

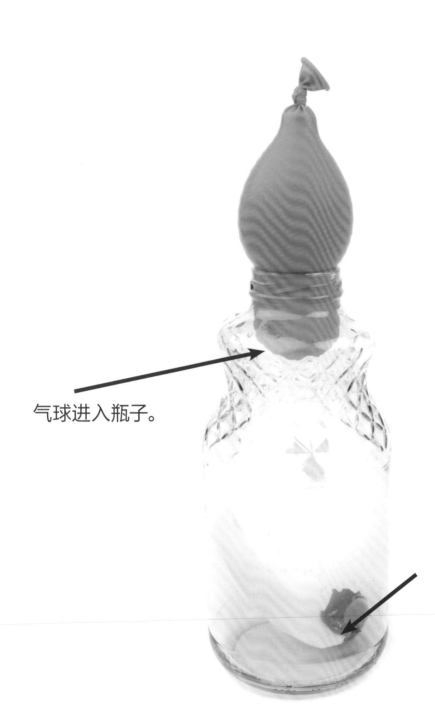

气球进入瓶子。

纸条燃烧。

第一部分：气球进入瓶子

1 制作一只水气球。大小应比瓶口略大，将其系紧。

2 在瓶口抹上一些水。

3 请你的成年人助手帮忙完成这一步。划一根火柴，点燃纸条一端，将燃烧的纸条扔进瓶内。

4 这一步你自己可以完成。将水气球放在瓶口。瓶中的火焰发生了什么？气球呢？

这是怎么回事？

纸条燃烧使瓶内的空气变暖，暖空气比冷空气需要占据更大空间。当你将气球放在瓶口，火会熄灭。空气冷却后占据的空间变小，从而使瓶内腾出多余的空间，外界气压将气球推到瓶内。

第二部分：拉出气球

1 在瓶口周围抹一些水。

2 尝试将气球拉出来。你办得到吗？

3 接着往瓶子里插入一根吸管。

4 再次将气球往外拉。这次发生了什么？

这是怎么回事？

第一次尝试拉出气球时，气球被瓶口堵住，这是因为此时瓶内气压小于瓶外气压。当你将吸管插进瓶内，空气通过吸管进入瓶中，致使瓶子的内外气压保持一致，从而可以将气球拉出来。

需要的材料

- 一块肥皂
- 餐巾纸
- 微波炉
- 未爆开的玉米粒
- 1袋微波爆米花

物理

微波的魔法

微波炉是否能够辅助你研究科学？

物质内部空气或水变大，而物体也变得蓬松。

69

第一部分："发胖"的肥皂

1 拿出一块肥皂，将其掰成两半。

2 在微波炉中放入一张餐巾纸，将半块肥皂放在中间。

3 将微波炉调至高温，加热肥皂90秒。认真观察，发生了什么？

4 安全第一！首先要使肥皂冷却几分钟，之后再将其从微波炉中拿出。它看起来像什么？摸起来又怎么样？

这是怎么回事？

在肥皂内部存有很多空气。在微波炉中加热时使肥皂变暖且变软。肥皂中的空气也会变暖。所以肥皂逐渐变得很大。肥皂中的气压使之变成轻而软的形状。

第二部分：爆米花之谜

1 仔细观察未爆开的玉米粒。它们看起来怎么样？摸起来又怎么样？

2 按照说明制备微波爆米花。

3 将爆开的一包爆米花从微波炉中拿出来，将其打开。注意：别让袋口对着你的脸。

4 将爆米花倒入碗里，现在它们看起来和摸起来又如何？

这是怎么回事？

未爆开的玉米粒内部有水分。加热玉米粒使其内部的水分变成蒸汽。蒸汽比水需要占据更多的空间。蒸气压使玉米粒爆开！这正是制备蓬松食物的方法。

物理

热和冷

温度对水的影响有哪些？

加热使水变成了蒸汽。

冷冻使水的体积膨胀。

第一部分：热

1 取1/2量杯（约120毫升）水，倒入平底锅里。把锅放在燃气灶上。

2 请你的成年人助手帮你加热水直至沸腾。你要知道水煮沸时会冒泡。

3 仔细观察沸水，注意不要让蒸汽扑到你的脸上。你发现了什么？

这是怎么回事？

　　当水煮沸时，它会变成蒸汽。蒸汽是气体，上升进入空气中。不要让水沸腾太久，因为过不了多久所有的水都会被蒸发掉。

第二部分：冷

1 在塑料容器中装满水。将盖子放在塑料容器上，但不要盖紧。

2 将容器放在冰箱里冷冻，放置过夜。

3 将容器从冰箱中拿出，它看起来如何？

这是怎么回事？

水结冰时会膨胀。结成的冰比容器大，从而将盖子顶了起来。如果让冰融化，水又会恰好装满容器，不溢流。

物理

隔热的魅力

如何使热的物体保持更热，冷的保持更冷？

需要的材料

- 水壶
- 4只同样大小的杯子
- 羊毛袜
- 棉布
- 铝箔
- 餐巾纸
- 热水
- 4支温度计
- 冷水
- 橡皮筋

某些材料的保温性更明显。

75

第一部分

1 将杯子排成一排。请你的成年人助手来完成下一步：在每只杯子里倒入等量的热水，请小心不要让热水烫伤自己。

2 分别用羊毛袜、棉布、铝箔以及餐巾纸盖住4只杯子。用橡皮筋将这些覆盖物固定在合适的位置。

3 等待45分钟。

4 将杯子上的覆盖物拿走。

5 在每个杯子里放1支温度计。哪一个温度最高？

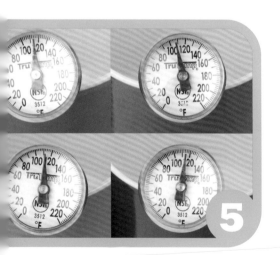

第二部分

① 这次在每只杯子里倒入冷水。

② 分别用羊毛袜、棉布、铝箔以及餐巾纸盖住4只杯子。用橡皮筋将这些覆盖物固定在合适的位置。

③ 等待45分钟。

④ 将杯子上的覆盖物拿走。

⑤ 在每个杯子里放1支温度计。哪一个温度最低？相同的材料是否具有同样最佳的保冷和保热效果？

这是怎么回事？

有些材料同时擅长保冷和保热，而有些则并非如此。这与制备材料的原料有关，材料的厚度也很重要。

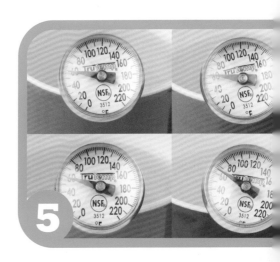

物理

聚众产热

为什么动物和昆虫会聚在一起以保持温暖？

需要的材料

- 水
- 小平底锅
- 燃气灶
- 4只小玻璃罐
- 4支温度计
- 保鲜膜
- 计时器
- 铅笔
- 笔记本

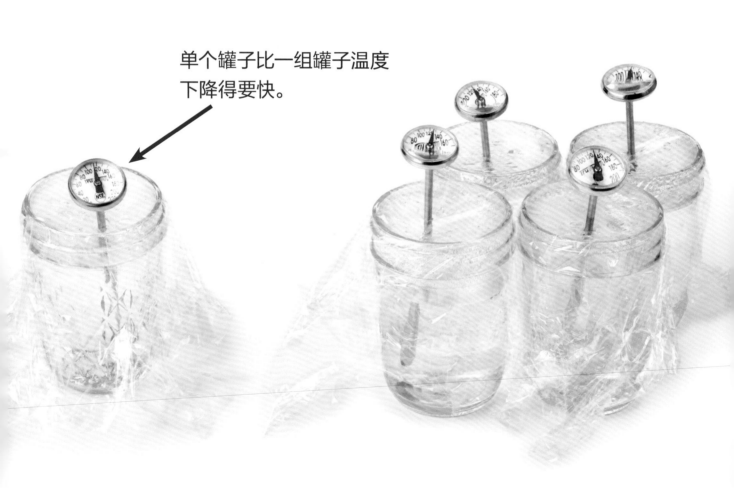

单个罐子比一组罐子温度下降得要快。

78

第一部分

1 请你的成年人助手在燃气灶上加热水，当水开始冒气泡时，请助手帮忙将其盛入一只罐子里。

2 将保鲜膜封住罐子口，穿透保鲜膜向罐内插入1支温度计。

3 等温度停止上升时，记下温度。

4 等待30分钟，再次记下温度。

5 将罐内的水倒空。

第二部分

1 将4个小罐子彼此靠近成一组。

2 请成年人助手再次烧水，当水开始冒气泡时，请助手将4只罐子都装满水。

3 用保鲜膜封住4只罐子口，分别透过保鲜膜向内插入1支温度计。确保罐子之间互相接触。

4 等到温度与第一部分中第一次记录的温度一样时，按下计时器。

5 等待30分钟，记下温度。此时的温度比第一部分中的温度高还是低？

6 继续等待，直到温度与第一部分中第二次记下的温度一样。此时需要多长时间？

这是怎么回事？

单个罐子的所有面都在散热，所以比一组罐子散热要快。成组的罐子只有最外面散热，所以他们冷却得较慢。

物理

伸出来

温度如何影响橡皮筋的伸展力？

需要的材料

- 橡皮筋
- 剪刀
- 鞋盒
- 铅笔
- 回形针
- 钢笔或马克笔
- 冰箱
- 吹风机

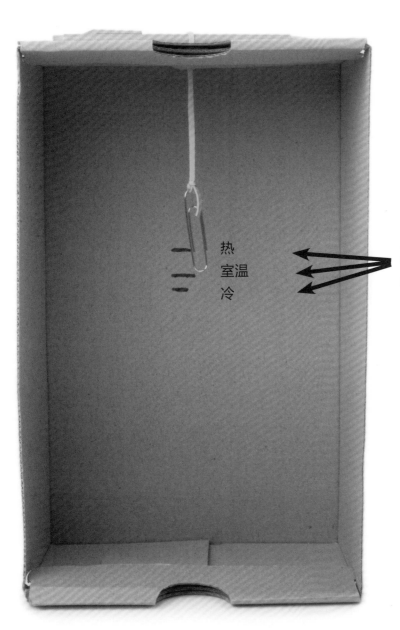

热
室温
冷

加热或冷却橡皮筋，它会改变长度。

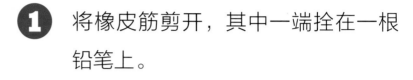
① 将橡皮筋剪开，其中一端拴在一根铅笔上。

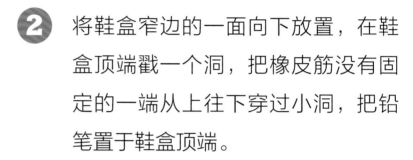
② 将鞋盒窄边的一面向下放置，在鞋盒顶端戳一个洞，把橡皮筋没有固定的一端从上往下穿过小洞，把铅笔置于鞋盒顶端。

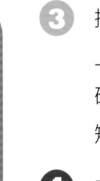

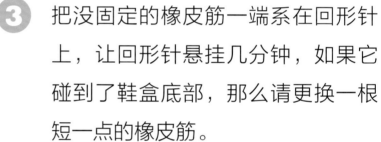
③ 把没固定的橡皮筋一端系在回形针上，让回形针悬挂几分钟，如果它碰到了鞋盒底部，那么请更换一根短一点的橡皮筋。

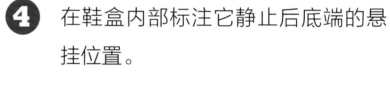
④ 在鞋盒内部标注它静止后底端的悬挂位置。

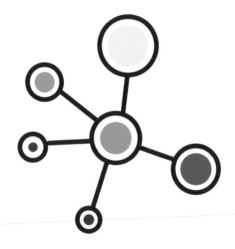

5 把鞋盒放在冰箱里，20分钟后，打开冰箱门。标注回形针冷却后底端的悬挂位置。

6 把鞋盒从冰箱里拿出。用吹风机加热橡皮筋5分钟，标注回形针底端的悬挂位置。

7 对比这些标记。对于这些结果，你感到惊讶吗？

这是怎么回事？

很多物质具有热胀冷缩的性质。而橡皮筋则相反，它在冷却时变长，加热时变短。

紫色激情

化学

每个人都知道蓝色和红色会产生紫色吧？

- 2只小玻璃罐
- 量杯
- 冷水
- 食用色素
- 热水
- 烤制盘
- 卡片

热水和冷水并不能混合。

1 在烤制盘中放一只小玻璃罐，在罐中装入少量冷水，滴入一滴蓝色食用色素，继续加水至满。

2 在另外一只小玻璃罐中加入少量热水，向内滴入一滴红色食用色素，继续加水至满。

3 在红水罐子上放一张卡片，轻轻地向下按压。

4 继续按压卡片并快速将罐子翻转朝下，卡片能够保持水在罐内而不流出。将这个开口朝下的罐子放在蓝水罐子的上面，调整罐口使两罐对齐。

5 请一位助手帮忙扶住两只罐子，小心将两个罐子之间的卡片抽出。发生了什么？

这是怎么回事？

热水和冷水并不能混合，因为冷水的密度比热水略高，所以冷水会保持在下面。而热水的密度较低，所以保持在上面。

上和下

油会漂浮在水面上，对吗？

冰块漂浮在油上。

油漂浮在水上。

1 在小玻璃罐里装入半罐植物油。

2 向罐内加入一些水。发生了什么？

3 然后放入冰块。这次又发生了什么？

这是怎么回事？

　　油的密度比液态水低，所以会漂浮在水上。但是当水结成冰，冰会膨胀且密度低于油，所以冰块漂浮在油上。

物理

封在瓶子里

水会从小孔中流出来，对吧？

把盖子拿掉，使水从小孔流出。

88

1 用螺丝钉在瓶子靠近底部处戳一个孔。

2 用手指堵住小孔，然后往瓶子里装水，盖上瓶盖。

3 将瓶子放在烤制盘上方，轻轻地把手从孔上移开。另一只手不要挤压瓶子。观察有什么现象发生？

4 把瓶盖拿掉，现在发生了什么？

这是怎么回事？

当瓶盖在瓶子上拧紧时，瓶内气压处于平衡状态，不会挤压瓶内的水，所以水并不会流出。但是当拿掉瓶盖，空气进入瓶内推动瓶内的水，水就会从孔中流出来了。

物理

简单的虹吸现象

你能否不采用倾倒的方式把一只杯子里的水移到另一只?

需要的材料

- 2只玻璃杯
- 长约30厘米的软管
- 一叠书
- 水

水通过软管流动,直到两只玻璃杯中的水面高度相同。

90

1 在两只玻璃杯中各装入半杯水，将软管的一端放入一只玻璃杯中。

2 用嘴吸管子的另一端，让水充满管子。

3 管子一端从嘴里移出，快速用手指按压管口，保证管内仅有少量空气或者没有空气。把手按压的管口移入另一只玻璃杯的水里。松开手指。

4 把其中一只玻璃杯放在一叠书上，观察水面发生了什么变化。

5 交换玻璃杯的位置，现在发生了什么？

这是怎么回事？

气压会向下推水，从而导致水从水面高的玻璃杯中流入水面低的玻璃杯中，直至水面持平。当你交换两只玻璃杯后，水面会再次流动持平。

物理

充分利用空间

大小石头是否占据同样体积?

需要的材料

- 水壶
- 2只玻璃杯
- 小石头
- 大石头
- 水
- 量杯
- 铅笔和纸

小石头之间的空隙很小。

大石头之间的空隙大一些。

1 在一只玻璃杯中装入小石头，另一只玻璃杯中装入大石头，然后往两只玻璃杯中加水至满。

2 将装有大石头的玻璃杯中的水倒入量杯中，用手挡住石头避免其落下。记下倒出水的量。

3 清空量杯，将装有小石头的玻璃杯中的水倒入量杯中，记下倒出水的量。

4 两次倒出的水是否一样？有什么不同吗？你认为原因是什么？

这是怎么回事？

装有大石头的玻璃杯比装有小石头的玻璃杯中容纳了更多的水。这是因为大石头之间空隙更大，而小石头堆积得更加紧密，容纳水的空间更小。

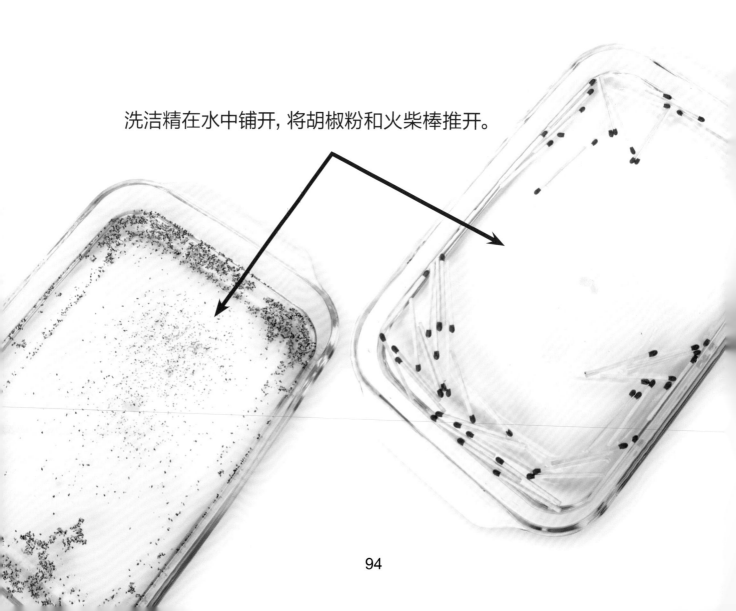

物理

扩展你的视野

一滴洗洁精能否推开胡椒粉、移动
火柴棒？

需要的材料

- 烤制盘
- 水
- 胡椒粉
- 液态洗洁精
- 木质火柴棒

洗洁精在水中铺开，将胡椒粉和火柴棒推开。

94

第一部分

1 在烤制盘中装水，约2.5厘米深。

2 在水面抖落一些胡椒粉。

3 在胡椒粉中间滴一滴洗洁精。

4 发生了什么？

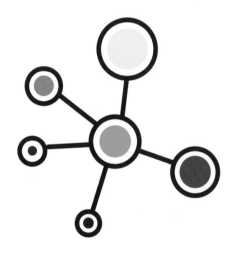

第二部分

1 清空并洗干净烤制盘，在里面装入约2.5厘米深的水。

2 在水中放入40根木质火柴棒，它们可以互相碰触，但是不要让一根叠在另一根上面。

3 在火柴之间滴入一滴洗洁精。

4 发生了什么？

这是怎么回事？

胡椒粉浮在水面上，当洗洁精遇到水时，会在水面形成一层膜。这层膜将胡椒粉推开。对于火柴棒也是同样的道理，虽然它们更大一些。

物理

封紧

你有多少种把水封在杯子里的方法？

需要的材料

- 水壶
- 高玻璃杯
- 手帕
- 水
- 小玻璃罐
- 比瓶口宽的卡片
- 烤制盘

卡片和手帕上的水层保持水不溢出。

97

第一部分

1 在高玻璃杯上盖上手帕。用手指将手帕戳到杯底，在玻璃杯中装入大半杯水。

2 轻轻地将手帕拉到玻璃杯外，一直拉到棉布紧紧包裹在玻璃杯口。

3 用一只手覆盖在玻璃杯口，用另一只手把玻璃杯翻转过来。如图中所示，将其放在烤制盘的上方。

4 缓慢地把手从玻璃杯上挪开，发生了什么？

第二部分

1 在小玻璃罐中装水直到杯口。

2 将卡片放在杯口，用手扶住，将罐子旋转过来。

3 将罐子放在烤制盘上方，如图中所示，将扶卡片的手挪开。观察发生了什么。

4 尝试轻轻摇晃罐子。卡片还会停留在原位吗？

这是怎么回事？

当手帕被润湿时，水会由于表面张力黏附在手帕中的小空隙里，从而在布料上形成一层水膜。这层水膜将其余水保持在杯内，避免其从杯中漏出。同样，在卡片上也形成了一层水膜，它将水挡在杯内而不漏出来。

物理

吸管色棒

黄色和蓝色是否一定会产生绿色?

需要的材料

- 4只塑料杯
- 水
- 4种颜色的食用色素
- 盐
- 茶匙
- 透明吸管
- 2只小玻璃罐
- 烤制盘
- 卡片

水中加盐改变了水的密度。
不同颜色之间并不混合。

第一部分

① 在4只塑料杯中装满水，在每只杯子中加入10滴不同的食用色素。

② 自左向右向每只杯子中加盐。在第1只杯子中加入1茶匙（5毫升）盐，第2只杯子中加入2茶匙（10毫升）盐，第3只杯子中加入3茶匙（15毫升）盐，第4只杯子中加入4茶匙（20毫升）盐。

③ 搅拌每只杯子，使盐溶解。

④ 再次自左向右进行。将透明吸管一端插入第1只杯子中，插入深度约2.5厘米。用手指按住透明吸管另一端，将其从杯中拿出。此时透明吸管内有少量水。

⑤ 继续保持用手指按压透明吸管一端，并使之直上直下。将其插入第2只杯子中，插入深度约5厘米。缓慢移开手指，再将手指按压住透明吸管口。

6 将吸管移到第3只杯中，向内插入约7.5厘米。缓慢移开手指，然后用手指按回吸管口。

7 移动吸管，在第4只杯子中向下插入约10厘米。缓慢移开手指，然后再用手指按回吸管口。

8 将吸管拿出。不同的颜色是混合在一起，还是仍然彼此分开？

第二部分

1 在两只小玻璃罐中加满水。

2 在一只罐子中加入10滴黄色的食用色素，在另外一只罐子中加入10滴蓝色的食用色素。

3　在黄色罐子中加入1茶匙（5毫升）盐，在蓝色罐子中加入2茶匙（10毫升）盐。搅拌两只罐子使盐溶解。

4　把罐子放在烤制盘中。在罐中继续加水使之变满。

5　在黄色罐子上放上一张卡片，在旋转罐子向下的过程中要保持卡片位置不变。

6　将黄色罐子放在蓝色罐子上，卡片在两者之间。将罐口对齐。

7　请助手帮忙扶住小罐子，缓慢地将卡片抽出，发生了什么？

这是怎么回事？

　　在水中加盐增加了水的密度，密度会对水的上浮或者下沉产生影响。含盐量较少的水会漂浮在上方，而含盐量较多的水则沉在底部。

科学词汇表

化学反应——把两种物质混合在一起，物质会发生变化或者产生新物质。

密度——物体在一定体积下的质量。

溶解——将固体与液体混合，使固体变成液体的一部分。

膨胀——变得更大。

谷粒——植物的种子或者颗粒，比如玉米、小麦或者燕麦。

材料——制成物体可用的材料，比如织物、塑料或者金属。

混合物——两种或者两种以上不同物质的混合。

有机体——活体生物，比如植物、动物或者细菌。

泡沫状的——外观透明而且柔软。

发芽——1. 开始生长；2. 从种子长出新植物。

挤——将物体外侧面按压在一起。

戳——用尖锐物体刺某物。

静电——一种处于静止状态的电荷，一般可以通过摩擦产生。

物体——诸如液体或者固体之类，能够占据一定空间的物质。

旋转——呈圆圈状或螺旋状移动。

温度——物体冷热的程度。

温度计——用来测量温度的工具。